Einsichten - Zwiesprache mit der Natur

Manfred Hausmann
Einführung

Einsichten

Zwiesprache mit der Natur

In Farbbildern von Catherine Young
und Aphorismen von Henry D. Thoreau

Alouette Verlag

HERAUSGEGEBEN VON JÜRGEN F. BODEN UND HANS SCHERZ

CIP-Kurztitelaufnahme der Deutschen Bibliothek
Young, Catherine:
Einsichten – Zwiesprache mit der Natur
in Farbbildern von Catherine Young
und Aphorismen von Henry D. Thoreau.
Manfred Hausmann, Einf.-
Gronau (Leine): Alouette Verlag, 1984
Einheitssacht.: To See Our World
ISBN 3-924324-02-6
NE: Hausmann, Manfred [Mitarb.];
Thoreau, Henry D. [Mitarb.]

ISBN 3-924324-02-6

Dieser Bildband ist mit einem Einführungsaufsatz der kanadischen Lyrikerin Margaret Atwood unter dem Titel *To See Our World* bzw. *Ce Monde Inédit* bereits in Kanada, in den Vereinigten Staaten von Amerika, in England und in Frankreich erschienen.

Printed in West Germany by Westermann Druck GmbH, Braunschweig, 1984.

Auslieferung: Verlagsservice Braunschweig, Postfach 5365, 3300 Braunschweig
Telefon (05 31) 7 08-0 Telex 952 841 wbuch d

MANFRED HAUSMANN

Unberührte Wildnis

»Zurück zur Natur!« – der Ruf, der seit den Tagen Jean-Jacques Rousseaus zu einer Rückbesinnung auf eine naturnahe und naturgemäße Lebensführung auffordert, ist wegen seiner Vereinfachung als Ganzes und in jedem seiner Teile unscharf, sogar mehrdeutig und halbwahr. Zurück – aber wie weit denn? Bis in die Tage der Großväter, bis ins vorige Jahrhundert, bis ins Mittelalter, bis in die Zeit der Völkerwanderung oder gar bis in eine der Zwischeneiszeiten? Und der Begriff Natur ist kein absoluter sondern nur ein relativer. In jedem Zeitalter begreift man etwas anderes darunter. In welche Natur soll der Mensch zurückkehren? In die Natur unserer Landschafts- und Naturschutzgebiete? In die Natur, in der die blaue Blume des Wandervogels blühte? In die Natur der Romantiker? In die Natur der englischen Parks? In die Gottnatur Goethes? In die Natur, wie sie das Barock oder die Renaissance verstand? In die ebenso geheimnisvolle wie unheimliche Natur der großen wilden Wälder, von denen uns die Märchen erzählen? In die gnadenlose Natur der Urzeit, die den Höhlenmenschen an Leib und Leben bedrohte? Schon diese wenigen Beispiele, denen noch beliebig viele hinzugesellt werden können, machen deutlich, daß es zwischen den Zeiten, in denen der Mensch gezwungen war, sich, wenn er nur überleben wollte, auf alle möglichen Weisen vor der Natur zu schützen hatte, und der Gegenwart, in der die Natur, wenn sie überleben soll, auf alle möglichen Weisen vor der Übermacht der Menschen geschützt werden muß, daß es also zwischen damals und heute eine Vielfalt von Naturen gegeben hat. Welche verspricht und gewährt dem, der zu ihr zurückkehrt, die Befreiung von der Unnatur?

Diese Frage ist umso berechtigter, als sich die Natur nicht nur für jedes Zeitalter, sondern auch innerhalb eines Zeitalters für jede so oder so geartete Menschengruppe anders darstellt. So sieht in unserem Jahrzehnt etwa der Bauer, der seinen Traktor über den Acker lenkt, die Natur mit anderen Augen als der Städter, der sie am Wochenende mit seinem Auto durcheilt; so hat der Naturwissenschaftler, der die immanenten Gesetze des Gewordenseins und Fortdauerns der Natur erforscht, andere Gedanken über sie als der Theologe, der in ihr das Wirken eines jenseitigen Schöpfers – Gott – zu erkennen glaubt; so bewegt sich der Landstreicher, dem sie bald freundlich, bald unwirsch begegnet, anders in ihr als das Liebespaar, das sich von ihrem Zauber selig umfangen fühlt; so geht der Philosoph, der über die letzten Gründe ihres Vorhandenseins nachdenkt, anders mit ihr um als der Künstler, der sie mit dem Medium der Wörter, Linien, Farben oder Räume in Abbilder seiner Visionen verwandelt.

Wie verwirrend diese Vielfalt auch sein mag, sie wird noch verwirrender, wenn man sie genauer betrachtet. Weil jeder Mensch zu einem unverwechselbaren Einzelwesen, zu nur einer Person geschaffen wurde, gilt die Vorstellung von der Natur, die er in sich trägt, auch nur für ihn. So viele Einzelwesen, so viele Vorstellungen von der Natur, so viele Naturen. Aber die Aufgliederung geht noch weiter: Das Naturbild des Einzelnen bleibt nicht immer gleich. Es ist anders, wenn er als Kind, anders, wenn er als Erwachsener, anders, wenn er als Greis um sich blickt. Wieder anders am Morgen des Glücks und anders in der Nacht der Schwermut. Anders auch für den Gesunden und anders für den Kranken. Anders für den, der mühsamen Geistes am Hergebrachten hängt und anders für den Wachen, den es nach Neuem und Ungewöhnlichem verlangt. So viele Stimmungen und Stunden des Lebens, so viele Naturen.

Diese unzähligen Naturen unterscheiden sich – und das ist das Verblüffende – nicht so sehr durch das, was der Einzelne jeweils in Feld, Wald und Wiese sieht, als vielmehr durch das, was er nicht sieht. Der Mensch sieht, wenn er durch eine Landschaft streift, sehr viel weniger als er zu sehen glaubt. Wer hat nicht schon nach einer längeren Wanderung mit Freunden zu seinem Verdruß feststellen müssen, daß ihm eine ganze Reihe interessanter Dinge und Begebenheiten entgangen sind, von denen die anderen nachher zu erzählen wußten; die einen von diesen, die anderen von jenen. Sie hätten ihm ebensogut auffallen können. Er war an denselben silbrigen Flechten, die von einem Lärchenzweig herabhingen, an denselben kristallischen Mineralien eines Steinbruchs vorbeigegangen, er hatte denselben Talgrund erblickt, er war über denselben Bach gesprungen, er hatte dieselben Vogelrufe gehört und dieselben Wolkenwogen in der Nähe und Ferne vorbeiziehen sehen, aber er hatte gerade sie nicht oder doch eben anders bemerkt.

Wenn Menschen, die keine Beziehung zur Natur haben, etwas vor Augen Liegendes übersehen, braucht man sich nicht darüber zu wundern. Tun es aber die anderen, die doch die Einöde der Städte hinter sich lassen und sich der freien, lebenatmenden Natur in die Arme werfen wollen, tun es zum Beispiel die Mitglieder der verschiedenen Wanderbünde, dann ist das schon verwunderlicher. In ihren Zeitschriften, Büchern, Rundbriefen und sonstigen Verlautbarungen wird seit 1900 ausführlich und immer wieder von nahen und weltweiten Fahrten, von Abenteuern und Kameradschaft, von Lagerfeuern und Tänzen, von Gesängen und Spielen berichtet. Und das alles hat auch seinen Sinn und seine Richtigkeit und soll unbenommen bleiben. Aber vom Reichtum der Landschaft, vom Wetter und seinen Zeichen, vom Morgenhimmel und Sternengeflimmer, von der Natur also, ist in der Regel nur in einem zusammenfassenden, allgemeinen und ungefähren, um nicht zu sagen oberflächlichen Sinn die Rede. Ein Wald ist immer nur ein Wald, ob es sich um einen Buchen-, Eichen-,

Föhren-, Fichten- oder Birkenwald, um einen Bruch-, Hoch- oder Urwald handelt, und ein Strauch ist ein Strauch, und nicht ein Erlen-, Weiden-, Hasel-, Eiben-, Weißdorn- oder Schlehenstrauch. Und wie das Gras einfach als Gras und nicht als Kamm-, Ruch-, Lisch-, Honig-, Knäuel-, Rispen-, Schwingel-, Hafer-oder Trespengras erscheint mit dem dauernd wechselnden Erglimmen seiner Biegungen und zarten Abstufungen des Gewispers beim Darüberstreichen des Windes und dem blaßgoldenen Aufstäuben seiner Pollen, so besteht auch der Waldboden nur aus braunem Fallaub und nicht aus den tausend winzigen Lebendigkeiten der vertrockneten Zweigstückchen, des Blattgeäders, der Moosfasern, der Borkenkrümel und der glitzernden Spuren von Schneckenschleim, die mit ihrem Über- und Nebeneinander die seltsamsten Miniaturstilleben bilden, und der Gesang der Vögel nur aus Kuckucks-, Amsel-, und Finkenrufen und nicht aus den vielfältigen flötenden, pfeifenden, trillernden, flüsternden, schluchzenden, perlenden, schwirrenden, teils einzeln, teils strophenförmig in den Gebüschen und Baumkronen, auf dem Wasser und in der Luft erklingenden Stimmen, deren jede anders klingt, wenn sie Freude oder Angst, Lockung oder Zorn, Liebeslust oder Herrschaftsanspruch, Lebensseligkeit oder Warnung ausdrücken will. Dieses alles und noch so manches andere hören und sehen die meisten Wanderer und ihresgleichen nur zu einem kleinen Teil. Es geht wohl auch nicht anders. Zu einer umfassenden, in die Tiefe dringenden Wahrnehmung gehören empfindlichere Sinne und gründlichere Kenntnisse als die üblichen. Unbefangene Augen genügen ebensowenig wie ein guter Wille. Die Natur gibt ihre verborgenen Schätze nicht ohne weiteres preis. Sie will umworben sein, lange und beharrlich, mit Hingabe, aber auch mit Kenntnissen. Wer mehr weiß, sieht mehr.

Aber nun die Dichter, diese sensiblen Leute, bemerken wenigstens sie den Reichtum der Natur und breiten sie ihn in ihren Gedichten aus? Man sollte meinen, wenn überhaupt jemandem, dann müßten doch ihnen die Augen aufgehen. Aber auch sie bleiben, von ganz wenigen Ausnahmen abgesehen, blind. In ihren Gedichten ist jedenfalls kaum etwas davon zu spüren, daß sie mehr erblickt haben als andere. Selbst in den schönsten – und sie haben ja Verse von berückender und beglückender Schönheit geschrieben – wird zwar von Tälern und Höhen, von Wäldern und Wiesen, von Sonne und Regen, von Nebelglanz und Blütenschimmer, also wiederum nur von allgemeinen und unspezifischen Erscheinungen gesprochen, aber nicht von den ebenso mannigfaltigen wie erregenden, ja gewaltigen und intimen Dingen, aus denen die Natur eigentlich besteht. Es ist, als hätten sie alles nur von Ferne und durch ein unscharfes Glas betrachtet oder als hätten sie Angst davor, sie könnten die Natur zu natürlich darstellen. Und offenbar haben sie sogar recht damit. Eine durchaus natürliche, eine naturalistische Dichtung widerspricht sich selbst. Denn ein Werk wird nicht dadurch zu einer Dichtung, daß es die Natur so natürlich wie möglich nachbildet, sondern dadurch, daß es die Natur überwindet – durch die Natur. Nicht die bloße Wirklichkeit ist der Sinn eines Gedichtes und jeder Kunst, sondern eine mit den Mitteln der Wirklichkeit erschaffene Überwirklichkeit. In diesem Paradox verbirgt sich das Geheimnis der Kunst. Bringt sich ein Dichter, der zu viel weiß und zu genau verfährt, nicht gerade dadurch um sein Dichtertum, nämlich um das Leben in seinem Gedicht? Ist die lebendige Wahrheit eines Gedichts nicht gerade in seine »Unschärfe« eingebettet? Wie dem auch sei, die Dichter unterscheiden sich, was das Halb- oder Nichtsehen des Sehbaren und Sehenswerten betrifft, ob es sich dabei um eine blaßgrüne Spannerraupe, die das Brombeerblatt zur Straße erkor, oder um eine noch unerkannte Landschaft handelt, in keiner Weise von den sonstigen Menschen.

Ein eindrucksvolles Beispiel für die allgemeine Unfähigkeit, etwas schon immer Dagewesenes mit neuen Augen zu sehen, ist die jahrhundertelange Stumpfheit der Reisenden gegenüber der Lüneburger Heide. In ihren Briefen und Berichten, in denen sie vor etwa hundertfünfzig Jahren eine Fahrt mit der Postkutsche von Hamburg nach Hannover oder umgekehrt schilderten, stellten sie die Lüneburger Heide als eine trostlose Einöde – voller Gefahren und Schrecknisse – dar. So angstvoll sie sich in das Abenteuer einer Durchquerung hineinwagten, so erleichtert atmeten sie auf, wenn sie unversehrt wieder herauskamen. Niemand hätte sich's einfallen lassen, den schauerlichen Landstrich ohne dringenden Anlaß zu durcheilen, geschweige denn, sich in ihm zu ergehen. Und es waren nicht nur einfältige Gemüter, die so dachten, sondern auch Leute regen und mutigen Geistes, Kaufherren und Beamte, Gelehrte und Künstler. Sie hätten die eigenartige Schönheit der Heide ohne weiteres erkennen können, die roten oder bräunlichen Flächen, die weich über die Hügel wogten, die schwarzbraunen Föhrenwälder, die schwingenden Laubgehänge der Birken, die hellen oder dunklen Goldtöne der Ginster- und Brambüsche, die phantastischen Gestalten der Machandelfamilien, den seidigen Glanz der Buchenstämme, die Wucht der Eichen, das von Schwebefliegen und Libellen durchblitzte Schweigen der Moortümpel, das hastige, in kurzen Abständen über die Wollgrasinseln wehende Gezitter und den Blick von der einen oder anderen Erhebung über die glasklare Weite unter dem seidenen, vielleicht mit weißleuchtenden Wolkenballen bedeckten Himmel, sie hätten die Herrlichkeit sehen können, sie lag offen vor ihnen, aber sie sahen nur eine Düsternis, eine auch bei Sonnenschein düstere Eintönigkeit.

Das ging Jahr für Jahr so fort, bis um die Jahrhundertwende ein gewisser Hermann Löns, Journalist, Wissenschaftler und Dichter, in die Heide kam. Kein Einheimischer übrigens. Ein Westpreuße. Kein Bauer, ein Studierter, ein Zeitungsmann, der in der Großstadt Hannover arbeitete. Er endlich sah die Schönheit und die herbe Anmut der Heide in all ihren Bereichen, und er endlich hörte die summende Stille ihrer heimlichen Stellen, und er endlich kannte und erkannte alles, was da kroch und lief, schwamm und flog. Und er schrieb es so auf, wie es nur ein Kundiger, der zugleich ein Dichter war, aufschreiben konnte. Und dann, nachdem sie seine Betrachtungen, Tiergeschichten, Romane, Gedichte und Lieder gelesen und gesungen hatten – aber erst dann – sahen andere es auch. Wenige zuerst, dann mehr, dann viele und dann fast allzu viele. Jetzt mußte die Heide vor den Mitläufern, Nutznießern und Geschäftemachern geschützt werden.

Aber warum fiel gerade ihm, dem einen Hermann Löns, auf, was durch die Jahrhunderte hindurch niemandem sonst aufgefallen war? Warum überkam gerade ihn angesichts der Lüneburger Heide dieses staunende Erkennen? Geschärfte Sinne und sachlich-fachliches Wissen hatten andere doch auch. Aber in denen regte sich nichts. An der Scharfsichtigkeit und dem Wissen allein kann es nicht gelegen haben. Es muß noch eine weitere Fähigkeit in ihm, dem einen Menschen, verborgen gewesen sein, die er weder hatte wollen noch erlernen können, eine Art Hellsichtigkeit, ein Geheimnis, eine Gnade. Aber was für eine?

Im Verlauf eines Gesprächs über den Unterschied zwischen einer angeborenen und einer durch Beobachtung der sich drehenden Welt erworbenen Erkenntnis sagte der alte Goethe, um zum Beispiel die Verse im *Faust:* »Wie traurig steigt die

unvollkommene Scheibe / des späten Monds mit feuchter Glut heran«, schreiben zu können, habe es allerdings einiger Beobachtung der Natur bedurft. »Aber«, fuhr er dann fort, »hätte ich nicht die Welt durch Antizipation bereits in mir getragen, ich wäre mit sehenden Augen blind geblieben, und alle Erforschung und Erfahrung wäre nichts gewesen als ein ganz totes und vergebliches Bemühen. Das Licht ist da, und die Farben umgeben uns, aber trügen wir kein Licht und keine Farben im eigenen Auge, so würden wir auch außer uns dergleichen nicht wahrnehmen.«

Antizipation, das ist das Zauberwort. Goethe wollte darunter die innere Vorwegnahme der Wirklichkeit vor der äußeren Begegnung mit ihr verstanden wissen, die innere Voraussetzung für das Lebendig- und Sinnvollwerden von an sich toten, weil zusammenhanglosen Erfahrungen, den inneren Vorbesitz von Erkenntnissen, die erst die Wahrnehmung der Außenwelt ermöglichen.

»Wär' nicht das Auge sonnenhaft, / die Sonne könnt' es nicht erblicken.« Nicht das äußere Bild bedingt das innere, sondern das innere das äußere. Dagegen ließe sich manches einwenden und wurde auch von befugter Seite eingewandt. Dennoch hat der eulenäugige Alte von Weimar in seinen einsamsten Stunden etwas gewittert, wovon sich die Schulweisheit nichts träumen ließ. Sein ruhelos und grenzenlos suchender und im Suchen von Wissen zu Wissen und von Ahnung zu Ahnung fortschreitender Geist war dem Urgrund der Schöpfung, wo das Gestaltlose sich zur Gestalt zu bilden beginnt, so nahe gekommen, daß er, wie ein witziger Kopf halb bewundernd und halb spöttisch einmal behauptete, im Stande gewesen wäre, einer Aufforderung Gottes, er solle einmal ein Blatt machen, ohne weiteres nachzukommen und ein ganz echtes, ganz natürliches Blatt zu erschaffen. Als zur gesegneten

Stunde der Gedanke der Antizipation in ihm aufblitzte, wollte er damit weniger eine rationale Erklärung für gewisse naturwissenschaftliche Phänomene geben, zum Beispiel für die optische Entstehung der Farben, als vielmehr auf das wesenhafte Zusammenstimmen von Geist und Welt, von Innen und Außen hinweisen. Der Mensch ist kein Fremdling in dieser Welt, sondern von demselben Mysterium durchwaltet wie die Schöpfung auch. Als letzte Folgerung erblickte erst vor einem Jahrhundert der Mann Hermann Löns die Lüneburger Heide in jener Wunderbarkeit, die der Mit- und Nachwelt aus seinen Werken vertraut ist. Das Bild, das er sah, entsprach dem Bild, das er in sich trug.

Was dem Dichter mit der Heide, widerfuhr dem Maler mit dem Moor. Keiner Menchenseele wäre es eingefallen, von dem weltentlegenen Teufelsmoor nördlich von Bremen ein Aufhebens zu machen, wenn es nicht den jungen Kunstschüler Fritz Mackensen »zufällig« von Düsseldorf an den Rand des Moores, nach Worpswede, verschlagen hätte. Er sah als erster, was vor ihm niemand gesehen hatte: Die seltsame Beschaffenheit des dortigen Lichts, das durch die Feuchtigkeit der Luft gefiltert, gebrochen und zu altsilbernen und blaßgoldenen Tönen gedämpft wurde und so die Armseligkeit des Moores und der Niederung, die Torfstiche und Birkengehölze, die Gräben und Klappstaue, die Schilfwälder und Weiden, die Balkenbrücken und schwarzen Segel der Torfkähne, die geduckten Gehöfte und bäuerlichen Gärten in traumhaft verdämmernde Farbwunder verwandelte. Und mit ihm sahen es, sehr verschieden an Wesensart, Begabung und künstlerischem Wollen, aber ähnlich an innerem Gesicht, Otto Modersohn, Hans am Ende, Fritz Overbeck, Carl Vinnen und Heinrich Vogeler, die seinem Ruf gefolgt waren. Sie alle wurden in diese schweigende Welt hineingezogen, weil sie in ihr etwas wiedererkannten, was sie schon wußten, ohne es erklären zu können, oder was in ihnen schon darauf wartete, seinem Gegenbild in der Wirklichkeit zu begegnen. Und dann, als ihre Werke, denen man anmerkte, wie tief das Neue und Unberührte ihre Schöpfer bewegt hatte, in den Ausstellungen im Lande erschienen, als die Menschen vor diesem verhaltenen Wunder standen, das noch im Nebelgesicker und noch im Sternentau der Nächte mit einem letzten magischen Widerschein zugegen war, da dauerte es nicht mehr lange, bis auch sie etwas von der Besonderheit Worpswedes und des Moores zu begreifen begannen. Nur war diese Besonderheit eben nicht *die* Natur, nicht die eigentliche, die objektive Natur.

Auch in anderen Gegenden der Welt hatten Künstler, einzeln oder in kleinen Gruppen, Landschaftsbereiche entdeckt, die man bislang übersehen hatte, teils wegen ihrer scheinbaren Alltäglichkeit, teils wegen der Verstecktheit ihrer Reize und auch teils wegen ihrer Urwelthaftigkeit. Am frühesten in Barbizon am Rande des Waldes von Fontainebleau, wo die Corot, Millet, Rousseau, Huet, Daubigny, Diaz, d'Aligny, Dupré, Troyon in ihren sinnenfrohen Freiluftbildern noch einmal das »Zurück zur Natur« beschworen. Aber auch im Dachauer Moos bei München, im hessischen Schwalmtal, in Holland, in Schottland und in der Provence taten andere es ihnen später gleich. Sie alle waren groß im Entdecken von Landschaften, die bisher in ihrer Unschuld ruhten, groß in der Freude an aufgehellten Farben und natürlichen Beleuchtungen, die ihnen so unmittelbar zum ersten Mal entgegenzuschimmern schienen; groß auch im Erfühlen versunkener Stimmungen. Aber die Natur selbst entdeckten und sahen auch sie nicht, wollten und brauchten sie nicht. Sie sahen Bilder. Wie die Dichter, so hatten auch sie ihr Glück und ihr Genüge am farbigen Abglanz. Das war ihre Welt, denn dort begegneten sie ihren Träumen, den in ihnen schlummernden, die sie unruhig gemacht und umgetrieben hatten. Wenn sie ihre Staffeleien auch mitten in die Landschaft stellten oder ihre Skizzenbücher mit Natureindrücken füllten, was dann auf der Leinwand sichtbar wurde, waren in sich geschlossene, neu geordnete, für sich geltende Kunstwerke, waren Bilder und keine Abbilder. Die Maler mochten gesehen haben was sie wollten; die natürliche Natur, die aus tausend, aus hunderttausend großen, kleinen und kleinsten Dingen, jedes für sich deutlich erkennbar, besteht, haben sie nicht gesehen. Oder sie haben sie, außerhalb ihres Künstlertums, nur zum Teil und jeder zu einem anderen Teil mehr blind als sehend gesehen, wie andere Menschen auch.

Aber dieser Zustand änderte sich in erheblichem Maße, als der Mensch sich nicht nur durch seine Augen der Natur und überhaupt der Welt bemächtigte, sondern auch und immer mehr durch die fotografische Kamera, als an die Stelle der beweglichen Augenlinse und der empfindlichen Netzhaut die starre Optik des Objektivs und die tote Chemie der Filmoberfläche trat.

Auf welchen Teil der Wirklichkeit die Kamera ihren gläsernen Blick auch richtet, sie erfaßt ihn total, übersieht nichts, arbeitet unabhängig von den Gedanken, Gefühlen und Träumen dessen, der sie handhabt. Das ist ihre Stärke, aber auch ihre Schwäche. Ihre Stärke, weil sie alles gleich deutlich und gleich akzentuiert sieht. Und ihre Schwäche, weil ihr Objektiv nicht »sonnenhaft« und ihr Film ohne Geisteskraft ist. Sie kennt keine Antizipation, sie nimmt die Welt nicht in ihrem Inneren vorweg, sie funktioniert nur. Genaugenommen nicht einmal das. Sie liegt nur da, ein totes Werkzeug, das darauf wartet, von dem, der es gebraucht, zum Funktionieren angehalten zu werden. Und dieser, ihr Gebraucher, verfügt nunmehr über zwei verschiedene Sehorgane: Über seine lebendigen Augen, deren Aufnahmefähigkeit und Aufnahmeweise in einem unmittelbaren Zusammenhang mit seinen Empfindungen und ganz allgemein mit seinem inneren Zustand stehen, und über die nicht lebendige Kamera, die, unabhängig von seinen Gefühlen, alle Gegenstände bis in die kleinsten Einzelheiten genau registriert. Die Kamera erfaßt und kann nur erfassen, was sie vor sich hat. Sie ist von der Wirklichkeit abhängig und muß mit ihr so vorlieb nehmen, wie sie sich im Moment darbietet. Sie kann nichts wegnehmen und nichts hinzufügen. Sie will das auch nicht, es ist nicht ihre Sache. Aber sie liegt ja in der Hand eines denkenden, fühlenden, mit lebendigen Augen sehenden Menschen. Er wählt das Stück Wirklichkeit aus, auf die er sie richtet, eine Landschaft, ein Gesicht, einen Regentropfen. Er bestimmt den Blickwinkel, unter dem das eine oder andere gesehen werden soll. Er setzt die Belichtungszeit fest, er bedient sich, wenn er es für angebracht hält, der Unschärfe als eines gestaltenden Faktors; er bezieht darüberhinaus alle Möglichkeiten der technischen Manipulation in seine Überlegungen mit ein, er ist in der Lage, das automatische Funktionieren der Kamera zu überlisten und damit die Eigenart des schließlich zustandekommenden Bildes zu beeinflussen, geringfügig nur und begrenzt im Vergleich zum freien und unbegrenzten Arbeiten des Künstlers, des Malers zum Beispiel, aber immerhin so, daß darin ein Hauch seines Wesens spürbar wird. Mit anderen Worten: Jeder Fotograf verfügt trotz allem über eine eigene Handschrift. Infolgedessen erwartet den, der sich in einen Band mit Landschaftsaufnahmen vertieft, eine dreifache Freude: Einmal die Freude über die Begegnung mit einer sehenswerten Landschaft, dann die Freude über die Schönheit der einzelnen Bilder, die von der sachlich-klaren Brillanz bis zur dämmertonigen Weichheit und von den Überraschungen der nächsten Nähe bis zum Duft der athmosphärischen Ferne reichen, und nicht zuletzt die Freude – falls er Sinn dafür hat – über das Erahnen eines Menschentums, das sich hinter dem Schweigen der Bilder mit scheuen Andeutungen offenbart.

In dem vorliegenden Bildband der jungen kanadischen Fotografin Catherine Young, der diese Betrachtungen angeregt hat und sie Aufnahme für Aufnahme bestätigt, steht jeder Bildseite eine Seite mit Zitaten aus den Tagebüchern des gesellschaftskritischen amerikanischen Naturphilosophen Henry D. Thoreau gegenüber. Und das mit gutem Grund. Thoreau war im Amerika des neunzehnten Jahrhunderts eine überraschende, eine einmalige Erscheinung. Philosoph, Waldläufer und Dichter. Und jedes im vollen Sinn und mit allen Sinnen. Er durchwanderte die Natur nicht nur, sondern ging in sie hinein, in ihre Rauhheit, in ihre Zartheit, er wurde selbst ein Stück Natur. Aber er verlor sich nicht darin, er fing nicht an zu schwärmen, sondern blieb wach und besonnen. Er war auch kein gedankenloser Naturbursche, sondern schrieb auf, was er sah und fühlte und was ihm dabei an Aufschreibenswertem durch den Kopf kam. Ein Wissender mit einer dortzulande noch nie vernommenen Sprache, erfüllt vom Geruch der Wildnis, von ihrem Gesang, ihren Farben, ihrem gebrochenen Licht, von ihrem Leben und ihrem Tod. Die gleiche Liebe zu dem bald jungen, bald zerfurchten Gesicht der Erde und das gleiche Vertrauen zu der schwermütigen Harmonie der Welt, das in den Bildern von Catherine Young lebt, durchzieht auch diese Sprache. Die Zitate wollen die Bilder nicht kommentieren. Sie haben keine dienende Aufgabe, sie behalten ihre Eigenständigkeit und Eigengültigkeit. Aber sie rauschen mit ihnen, da sie ähnlichen Geistes sind, zu einer ruhigen, klaren, in ihrer Klarheit und Ruhe tiefgeheimnisvollen Symphonie zusammen.

Catherine Young hat die Motive ihrer Bilder auf Streifzügen durch British Columbia und durch den Nordwesten der Vereinigten Staaten aufgespürt. So gegensätzlich sie auch sind, eines haben sie gemeinsam: Die Einsamkeit. Einsamkeit bedeutet hier nicht das Fehlen von Mensch und Tier, sondern das Mit-sich-Alleinsein in der Natur. Wie jeder Teil, so ist auch das Ganze von Einsamkeit umweht; je länger man ein Bild betrachtet, umso unverkennbarer ist sie da, umso beklemmender wird ihre Tiefe. Wahrscheinlich weiß Catherine Young gar nicht, daß ihre Arbeiten weithin unter diesem Zeichen stehen. Oft mögen ganz andere Eindrücke und Erwägungen sie dazu bestimmt haben, ihre Kamera gerade auf diesen Hang, auf jenen Stein oder auf diese Wolke zu richten. Dennoch war es letztlich die Einsamkeit, die eine Beziehung zwischen ihr und ihnen hat entstehen lassen. Catherine Youngs menschliche Einsamkeit hat die Einsamkeit in der Natur, die jede Einzelheit und das Ganze durchwaltet, unbewußt antizipiert. Die ersten und letzten Entscheidungen trifft der Mensch ja in Seelenbereichen, in die der wertende und wollende Verstand nicht hinabreicht.

So kann es sein, daß Catherine Young meinte, der vorsichtige Zusammenklang des Perlmuttschimmers am Grund der geöffneten Muschelschalen mit dem ähnlich getönten Sandschiefer (16), auf dem sie liegen, habe ihren suchenden Blick auf sich gezogen, während es in Wahrheit die Kleinheit und Verlorenheit der Muschel auf der großen Fläche war, die ihr Herz bewegt und ihre Hand gelenkt hat. – So mögen zuerst die von der Gewalt des Schneesturms hintenüber geschleuderten Äste der Fichten (55) die Fotografin zur Aufnahme verlockt haben. Aber verlockender, beschwörender noch als der Aufruhr der Elemente hat sich, wie das Bild verrät, die völlige Sichergebenheit und Verlassenheit der Bäume, eben ihre Einsamkeit im Sturm der Welt erwiesen, die noch im vergeblichen Hilferuf jedes Zweigendes, noch im Zittern jeder Nadel zu erkennen ist. – Und so faszinieren die morgendlichen Tautropfen, unter deren Last die Grashalme sich neigen (13),

Catherine Youngs Augen anfangs durch ihre Ähnlichkeit mit einem diamantenen Geschmeide. Das Geglitzer der im Bogen gereihten oder in kleinen Trauben hängenden Tropfen ist von einer so zarten und reinen Vollkommenheit, daß es ihr fast den Atem nimmt. Aber dann steigt in dieser Atemlosigkeit die Frage auf – zögernd und unaufhaltsam – für wen dieses Flimmern und Schimmern denn geschehe? Eine Frage, in der die Antwort schon enthalten ist: Für niemanden! Das Geflimmer hat sein Genüge in sich selbst. Eine einsame Herrlichkeit. Wohl sieht sie, je länger sie besteht, um so berückender aus. Aber je berückender sie sich zeigt, um so bedrückender wird sie auch. Jeder einzelne der gereihten und hängenden Tropfen sprüht und blitzt vergebens, kein Blitz bedeutet dem anderen etwas, sie bleiben ohne Beziehung zueinander. Die ganze diamantenübersäte Waldwiese besteht aus tausend und abertausend Einsamkeiten. Catherine Young hat sie erblickt und in das Bild gebannt.

Und noch eine andere geheime Macht kennzeichnet neben der Einsamkeit ihre Bilder, auch sie mehr erahnbar als ersehbar: Die Vergänglichkeit. Die Tauperlen an den Grashalmen sind ohne Einschränkung schön. Aber das Atemraubende ihres Zaubers beruht nicht auf ihrer äußeren Erscheinung, sondern auf einer Innerlichkeit, auf ihrer Vergänglichkeit. Der steigende Tag saugt das Geblitzer auf. Der Tau verdunstet, die Schönheit schwindet dahin. Und doch wäre sie so ergreifend nicht gewesen, hätte sie bleiben dürfen. Eine klassische Spruchweisheit lautet: »Warum bin ich vergänglich, o Zeus?« so fragt die Schönheit. »Macht' ich doch«, sagt der Gott, »nur das Vergängliche schön.« Nicht, als ob alles, was vergeht, deshalb auch schön sein müßte. Aber muß deshalb auch alles, was schön ist, vergehen? Weil die Verbindung zwischen Schönheit und Vergänglichkeit unaufhebbar ist, hat die Schönheit immer einen Hauch von Traurigkeit. Ihr Schönsein macht den Sinn des Betrachters leicht, aber die Vergänglichkeit, die sie um ihres Schönseins willen in sich trägt – in sich tragen muß – macht ihn schwer.

Manche Schönheiten vergehen ebenso schnell wie sie entstanden sind, vielleicht manche sogar blitzschnell, andere halten sich ein paar Tage, wieder andere jahrzehntelang oder noch länger. Ein Tautropfen braucht keine Stunde, um sich zu seiner blinkenden Gestalt zu runden, schon nach einer weiteren Stunde hat die Sonne sein Dasein beendet. Dagegen dauert es unzählige Jahre, bis die Brandung den Stein am Strand von Lucy Island (114) durch unermüdliches Hin- und Herrollen soweit abgeschliffen hat, daß die goldbraune, altsilberne und patinagrüne Pracht seines Innern durch die trübe Oberfläche hindurchschimmert. Aber auch sie, die Pracht, hat keinen Bestand. Die Wellen gehen und kommen und zerreiben diesen und die anderen Steine mitsamt ihren glimmenden Farben zu Kieseln und schließlich zu gestaltlosem und farbarmen Sand. Wenn nicht heute und nicht morgen, so doch in tausend mal tausend Jahren. Aber was sind tausend mal tausend Jahre in Anbetracht der Ewigkeit?

Mit den Tauperlen auf den Grashalmen und den Steinen im Gewoge der See sind auch die Blätter der Wilden Vanille (94) einer unvergleichlichen Schönheit und einer ebenso unvergleichlichen Vergänglichkeit anheim gegeben. Sie haben sich auf ihren langen, blassen Stengeln aus der blaugrünen Nacht, die über dem Waldboden steht, emporgehoben und sich entfaltet und wissen nun in ihrem neuen und verletzlichen Dasein noch nicht so recht, wo und wie sie sich eigentlich befinden. Zwischen ihrem hervortretenden Geäder hält sich noch ein wenig grüne Dämmerung, aber die gezähnten Ränder werden durch das Licht, das von oben lautlos über sie hinatmet, in eine märchenhafte Goldenheit getaucht. Die Zeit ihrer Schönheit, ihres Duftens, ihrer Mystik beginnt und damit auch die Zeit ihres Hinsterbens. Und gerade da kommt Catherine Young vorbei.

Sie scheint immer gerade dann vorbeizukommen, wenn es sich lohnt. Und es lohnt sich für sie auf Schritt und Tritt und Stunde für Stunde. Zum Beispiel, wenn ein Abendrot den feinen Regenvorhang, der sich vor die schattenhafte Silhouette der Kiefern-Insel vor der Central Coast gesenkt hat, zu einem riesenhaften Purpurbrand entzündet (14/15). Was für ein Bild: Der rote Himmel, der violette Inselschatten und die indigoblaue See und als winziger Doppelstern das Leuchtfeuer am linken Ende der Insel! Aber so klein und verwischt der Stern in all der grenzenlosen Glut auch blinzelt: Er ist die Mitte! Wer eine Aufnahme von Catherine Young »verstehen« will, muß jeweils diese Mitte finden, durch die sie ihren Sinn und ihre Seele erhält. Manchmal ist es nicht schwer, weil sie sofort ins Auge fällt, wie die Cytherea-Orchidee (36), die mutterseelenverlassen im Gewirr der vertrockneten Zweigstücke, Grashalme und welken Blätter des Waldbodens blüht. Aber manchmal hat man Mühe, bis man merkt, was für eine wichtige Rolle die feine Linie spielt, die das Eis eines Weihers durchzieht und zuletzt einen Halbkreis um drei dünne, hochgeschossene Unkrautstengel schlägt (65). Und während alles Leben im Frost erstarrt, sie ein eigenes hat. Sie bewegt sich, sie reagiert, sie zeichnet die Stengel durch ihre Umschlingung vor den anderen aus. Ein beabsichtigtes grafisches Element in einer Welt von Zufällen. Mit einem Mal hat sich das Bild durch den Akzent, den es in der neuen Sicht bekommt, verändert. Das Auge irrt nicht mehr umher, sondern wird, ohne es zu wissen, in eine Mitte hineingeführt, der sich die übrigen Gegebenheiten von selbst zu- und unterordnen. Der von Catherine Young gewählte Bildausschnitt, die umschlingenden Linien bedenkend und doch wie von ungefähr hervorhebend, vermittelt eine Ahnung – nur eine Ahnung, mehr nicht – von der stummen Sehnsucht nach Gestalt, die in der ganzen Schöpfung lebt.

Und noch ein Beispiel aufs Geratewohl, wie die anderen auch, aus der Fülle der Bilder herausgegriffen: Ein steiler Berghang mit schütterem Fichtenbestand im Tal des Fraser-Flusses (51). Das Bild wäre ohne besonderen Reiz, wenn es nicht von drei schmalen Lichtungen, deren Boden mit gelben Susan-Blumen bedeckt ist, durchschnitten würde. Sie wirken fast wie Sonnenbahnen. Die erste und hellste geht von der oberen rechten Bildecke querdurch zur Mitte des linken Bildrandes. Die zweite, etwas schwächere, steigt in einer Gegenbewegung von der rechten unteren Ecke schräg zum Ende der oberen Bahn empor. Und die dritte, die unscheinbarste, dringt von der Mitte des rechten Bildrandes der Mitte der oberen Bahn entgegen. Durch die Art ihres Zusammenstrebens und durch die Abstufungen ihrer Helligkeit halten die Drei sich selbst und damit das ganze Bild in einem genau ausgewogenen Schwebezustand. Wären alle gleich lang und gleich hell, dann hätten die beiden unteren das Übergewicht. Da sie aber, die unteren, im selben Maße kürzer und beschatteter sind, wie die obere heller und länger, bleibt das Gleichgewicht gewahrt. Das ist natürlich kein Zufall. Catherine Young hat ihren Standort für die Aufnahme gefühlsmäßig – oder auch mit Vorbedacht – so gewählt, daß sich die drei Lichtungen mit ihrem Kreuz und Quer gerade die Waage halten. Ein paar Schritte weiter nach rechts oder links, und es wäre um die Harmonie des Bildes geschehen. Aber weil sich auch innen in Catherine Young ein solcher Wohlklang oder das Verlangen nach einem solchen regt, sucht und erblickt sie die entsprechende Harmonie im Licht- und Schattengefüge des Fichtenhanges. Das Suchen und Finden – oder auch Nichtfinden – der äußeren Entsprechungen ihres inneren Zustands, das wiederum etwas mit der »goethischen Antizipation« zu tun hat, ist auf ihren Bildern unsichtbar sichtbar, wenn auch hin und wieder nur in andeutenden Verschleierungen. Es macht die Bilder über ihren ästhetischen und dokumentarischen Wert hinaus zu liebenswerten Zeugnissen eines tiefsichtigen, traumwandlerischen und unbeirrten Menschentums.

»Zurück zur Natur!« Diese Worte, was immer man darunter verstehen mag, fordern zu einer Gesinnung auf, zu der Catherine Young sich durchaus nicht zu verstehen bereit ist. Zurückkehren kann man nur zu etwas, das einem selbst oder anderen schon bekannt ist, das man schon gesehen, schon gehört, schon erfahren hat. Die Absicht Catherine Youngs geht aber gerade in die entgegengesetzte Richtung: Nicht zurück, sondern vorwärts. Ihr liegt weder an der Natur früherer Generationen, noch an der ihrer eigenen Zeitgenossen. Sie sucht, einem ureigenen Drang folgend, die ungekannte, noch nicht bemerkte, unerfaßte, ungebändigte, die in ihren Augen lebendige, die wirkende, die wirkliche Natur. Ihr kann sie aber nur im Vorwärtsgehen, im Eindringen in das noch von niemandem Gesehene, sei es gewaltig oder geringfügig, begegnen. Nur da, so glaubt sie, kann Leben sein. Und nur da ist Leben.

Nach kaum zwei Wochen hat sich das kahle Gezweig der Wälder in ein Meer von Grün verwandelt, in dessen Strömungen die jungen Schößlinge miteinander wetteifern. Überall im Land haben sich die Blätter geöffnet.

Wir versuchen voller Eifer, alles und jedes zu erforschen und zu begreifen, und wollen gleichzeitig, daß alles geheimnisvoll und unerforschlich bleibt, daß Land und See grenzenlos, frei und wild sind, daß wir sie weder vermessen noch ausloten können, weil sie unergründlich sind.

Ich liebe die Natur, ich liebe die Landschaft, weil sie so aufrichtig ist. Sie hintergeht mich nie. Sie hält mich nie zum Narren. Sie ist von einer fröhlichen, musikalischen Ernsthaftigkeit. Ich liege auf der Erde und habe Vertrauen zu ihr.

Ein kalter und dunkler Nachmittag. Die Sonne verbirgt sich hinter den Wolken im Westen. Die Landschaft ist arm an Besonderheiten, die Bäume tragen keine Blätter mehr, und am Himmel gibt es nirgendwo eine hellere Stelle, die etwas Abwechslung brächte. Keine Stechmücke, überhaupt kein summendes Insekt mehr. Die Grillen haben sich in ihre winterlichen Schlupfwinkel verkrochen, die Freunde sind schon lange dort. Nur du bist noch hier und stampfst, mit den Händen in den Taschen, über die gefrorene Erde.

Die Natur hält jeder, auch der genauesten Prüfung stand. Sie lädt uns ein, unsere Augen auf die Höhe des kleinsten Blättchens zu bringen und ihre Oberfläche aus der Sicht eines Insektes zu betrachten.

Der Wald vor allem und die
Gräser, die gleichsam die
Erde umhüllen, müssen sich,
um ihre Reife kundzutun,
mit leuchtenden Farben
schmücken, als sei der Erdball
eine Frucht am Stamm, die
ständig ihre eine Wange der
Sonne zukehrt.

Oh, ich brauche die Einsamkeit. Ich bin bei Sonnenuntergang bis zu diesem Hügel vorgedrungen, um die Gestalten der Berge am Himmelsrand zu sehen, um etwas zu erblicken, das größer ist als der Mensch, und um Zwiesprache mit ihm zu halten. Schon dessen Ferne und Unberührtheit bedeutet für mich eine unendliche Ermutigung.

Warum erbebt unser Herz vor Freude
beim Anblick der tief verschneiten Ebenen,
der verdämmernden, niedergebeugten
und halbversunkenen Wälder? Steht
nicht alles dort im Einklang mit
Rechtschaffenheit, Reinheit, Gerechtigkeit,
Mut, Hochherzigkeit?

Vielleicht haben unsere Augen schon wer weiß wie lange auf einer bestimmten Landschaft geruht, so daß wir glaubten, sie wirklich gesehen zu haben und zu kennen. Und dann kommt irgendein Vogel oder Vierbeiner, nimmt sie in Besitz und macht sie dadurch zu etwas völlig Neuem.

Auf meinen einsamen Wanderungen durch die Wälder fühle ich mich wie jemand, den das Heimweh nach Hause getrieben hat. Dabei entledige ich mich allem Überflüssigen und sehe die Dinge, wie sie sind: Großartig und schön.

Jede Frucht wechselt vor ihrem Fall zu einer leuchtenden Farbe. Das Gleiche gilt für die Blätter, für den Himmel am Ende des Tages und für die Neige des Jahres. Der Oktober hat den roten Himmel beim Sonnenuntergang und der November das späte Zwielicht. Farbe bedeutet Reife und Vollendung.

Der Wind klingt wie das Dröhnen der See und weckt die gleiche Erregung und Begeisterung. Wir spüren wieder, daß alles Land eine Küste des Luftozeans ist. Da ist das Geräusch der Brandung, das Stöhnen eines unsichtbaren Meeres. Wogen von Luft brechen auf eine Waldung nieder, wie Wassermassen auf sich selbst oder auf Sand und Felsen niederstürzen.

Im Gesang der Drossel ist die Morgendlichkeit der Dinge zu spüren, die dem Grund der Quellen entstammen. Die Drossel verkündet den unvergänglichen Reichtum und die Lebenskraft des Waldes. Die Luft, aus der ihr Gesang zu mir herniederklingt, ist reiner als die, in der ich atme. Dieser Vogel vertieft die Bedeutung aller Dinge, die man während seines Gesanges erblickt. Er singt, um die Menschen zu einer höheren und wahrhaftigeren Sicht der Dinge zu bewegen.

Ich finde es gut, mich auf die Ewigkeit hinter mir ebenso zu besinnen wie auf die Ewigkeit vor mir.

Der Hunger beschränkt in der Regel unsere Vorstellung von Reife und ihren Erscheinungsformen – Farbe, Weichheit, Vollkommenheit – auf die Früchte, die wir essen. Wir lassen gewöhnlich außer acht, daß die Natur alljährlich eine unabsehbare Ernte heranreifen läßt, die wir nicht essen und kaum nutzen – Früchte, die sich lediglich unserem Sinn für Schönheit zuwenden.

Wie wohltuend ist es doch, über die Schichten des frischen, krausen und raschelnden Laubes zu wandern! In welcher Schönheit gehen die Blätter zu Grabe! Wie sanft fallen sie nieder und werden zu Moder! Fröhlich tollen sie über die Erde, suchen sich die Stelle ihres Grabes aus und tuscheln überall im Walde darüber. Wie zufrieden kehren sie, die so stolz durch die Lüfte wehten, zum Staub zurück und bringen sich den neuen Generationen ihrer Art als Nahrung dar!

Ist dies denn nicht eine Sprache, die gehört und verstanden werden will? Auf der braunen und grauen Erde, auf den Steinen, auf den verwelkten Blättern und den nackten Zweigen liegt in dieser Jahreszeit eine Reinheit, die dem Licht mehr entspricht als selbst die Reinheit des Sommers.

Hier ist alles in schnellem Wechsel begriffen und erinnert uns daran, daß die Natur überall voller Leben ist. Aber auch diese besondere Phase der Schönheit vergeht schnell. Die Natur bietet uns so viele Schauspiele, daß sie es sich nicht leisten kann, auf dies eine viel Zeit zu verschwenden.

Der Winter mit seinem Schnee und Eis ist kein Übel, das behoben werden müßte. Er ist so, wie er erdacht wurde und sein soll. Denn der Künstler hat die Muße gehabt, zur Nützlichkeit die Schönheit zu fügen.

Wenn ich mir die Tragödien vorstelle, die im Leben der gesamten Tierwelt ununterbrochen zugelassen werden, so kommen sie mir vor wie der Klagegesang einer alles umfassenden Harfe, der uns über das Alltägliche erhebt.

Die Jahreszeit der Hoffnung und der Verheißung ist vorbei. Schon ist die Zeit der kleinen Früchte gekommen. Wir sind ein wenig traurig, weil wir allmählich den Abstand zwischen unseren Hoffnungen und ihrer Erfüllung erkennen. Die Aussicht auf himmlische Gefilde ist uns genommen. Und was uns bleibt, sind ein paar kleine Beeren.

Es dauert nicht mehr lange, dann kommt der Frost aus dem Boden wie ein Tier aus seinem Bau, in dem es Winterschlaf gehalten hat, und wandert mit den Wolken weiter in andere Gegenden. Der Tauwind mit seiner sanften Überredungsgabe hat mehr Macht als Thor mit seinem Hammer; der eine bringt zum Schmelzen, der andere schlägt nur in Stücke.

Dieser ruhelose Fluß, der jetzt gestiegen ist, hat seine eisigen Fesseln gesprengt. Auf den offenen Stellen glimmt hier und da ein feinkörniger Silberschimmer, der sie wie etwas Himmlisches aussehen läßt und nicht wie irdisches Wasser. Wenn die Flüsse so licht und unsterblich ihrem eisigen Gefängnis entrinnen, sollte dann nicht auch ich mein Dasein abermals mit Freude und Hoffnung beginnen? Hoffe ich etwa nicht, auf dem Strom des Lebens zu schwimmen?

Wir dürfen nicht erwarten, mit unseren begrenzten Möglichkeiten in das innerste Heiligtum irgendwelchen Lebens einzudringen, sei es tierischer oder pflanzlicher Art. Und wenn wir es doch tun, werden wir nichts finden, was nicht immer noch Oberfläche wäre. Der letzte Ausdruck, das höchste Vermögen jedes erschaffenen Wesens ist eine feine Ausstrahlung, die nur ein wahrhaftig und aufrichtig Verehrender aus einer ehrfurchtsvollen Entfernung wahrnehmen kann.

Ein See ist die schönste und ausdrucksvollste Besonderheit einer Landschaft. Er ist ein Auge der Erde. Wer in ihn hineinblickt, erkennt die Tiefe seiner eigenen Natur. Die Bäume, die das Ufer umsäumen, sind die schlanken Wimpern, und die bewaldeten Hügel und Klippen ringsum die überhängenden, buschigen Brauen.

Von der Schönheit der Welt bekommen wir nur hin und wieder einen flüchtigen und unvollständigen Eindruck. Wenn wir im richtigen Winkel auf das Eis blicken, blenden uns die Regenbogenfarben, die in seiner Farblosigkeit aufflammen. In der richtigen Sicht ist jedes Unwetter und jeder seiner Tropfen ein Regenbogen. Schönheit und Musik sind nicht nur Merkmale und Ausnahmen, sie sind die Regel und das Wesen. Die Ausnahme ist, daß wir sehen und hören.

Wenn ich einen Gegenstand nicht mehr verstehe, wenn ich merke, daß ich mich seiner bislang nicht bemächtigt oder ihn nicht richtig gewürdigt habe, dann fange ich an, ihn wirklich zu sehen. Weiter aber komme ich nicht. Wie wunderbar diese Formen und Farben meinem Auge entsprechen! Ich bin dazu erschaffen, den Weiher und die Wiese zu lieben, so wie der Wind dazu erkoren ward, das Wasser zu kräuseln.

Die Blumen sind weit verstreut,
vielleicht weil die Süße, die sie
aus der Luft in sich aufnehmen,
selten und auch weit gestreut ist.
Und die Bienen haben die
Fähigkeit, weit zu fliegen, um sie
zu finden. Eine kostbare Last,
die der Himmel trägt und auf
der Erde ablädt.

An diesem frischen Abend sehen jeder Halm und jedes Blatt aus, als seien sie in eiskaltes, flüssiges Grün getaucht. Schmerzende Augen sollten hierher kommen und umherschauen. Der Blick auf dieses Grün ist ein unübertrefflicher Balsam für die Augen.

Im Augenblick lebe ich von bestimmten wilden Düften, wie die Natur sie mir zuweht. Sie geben mir auf unerklärliche Weise Kraft und machen mein Leben, das mir arm erschien, reich.

Ich sehne mich nach einer wilden Natur, die mein Fuß nicht durchdringen kann, nach Wäldern, in denen die Walddrossel ihr ewiges Lied erklingen läßt, in denen jede Stunde ein früher Morgen ist, in denen Tau auf den Gräsern liegt und der Tag auf immer unberührt ist, nach Waldungen, in denen die Erde um mich herum voller unbekannter Fruchtbarkeit sein könnte.

Die zartesten, die reifsten rotbräunlichen Farben! Herbstliche Tönungen im Frühling, nur gedämpfter und weicher. Wie süß ist es doch, eine neue Erscheinung in der Natur wahrzunehmen, die daran erinnert, daß es noch Welten zu enthüllen gibt. Es ist ein natürlicher Zauber. Diese kleinen Blätter sind die farbigen Fenster in der Kathedrale meiner Welt.

Wer über die kleinen Schönheiten der Natur nachdenkt, kann weder durch Leid noch Enttäuschung getroffen werden. Das Dogma von der Verzweiflung, von den inneren und äußeren Zwängen, hat nur jemand lehren können, der nicht teilhatte an der Heiterkeit der Natur.

Auch wir geben uns der großen Zärtlichkeit hin, mit der die Erde uns anrührt. Der Winter in uns vergeht. Der Frost weicht aus mir. Ich werde emporgehoben auf eine andere Ebene. Berge von Eis und Schnee, die sich angehäuft haben, lösen sich auf. Gedanken stürzen in ungewohnten Kanälen dahin wie ein flutendes Wasser.

Die subtilste, die vollendetste, die am meisten vergeistigte Bewegung ist die wellenförmige. Sie wird dadurch hervorgerufen, daß das feinste Element auf das angrenzende feine fällt. Das Kräuseln der Wellen ist noch anmutiger als der Flug.

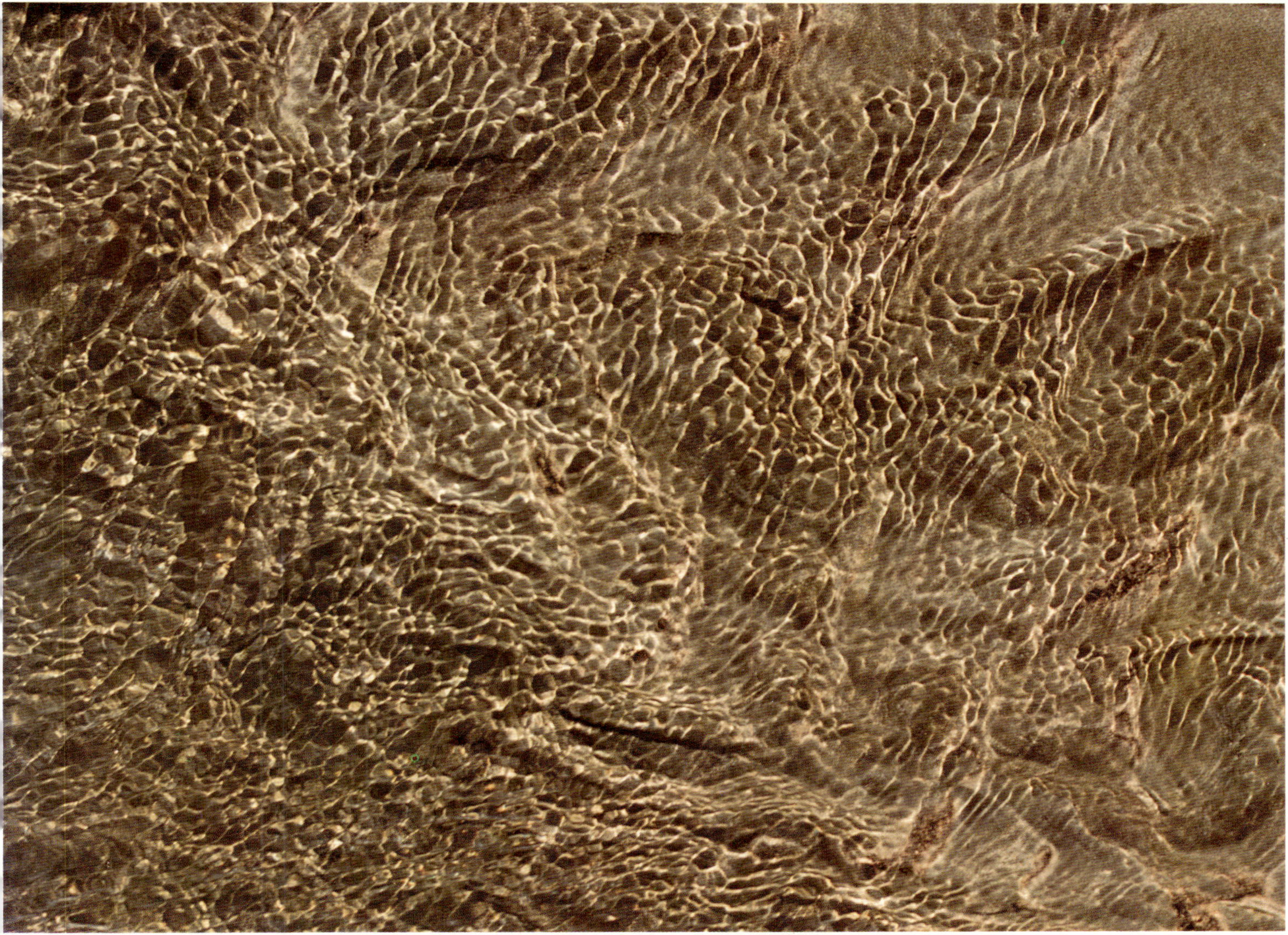

Was wäre die Natur, wenn sich in ihr nicht die gleichen bedeutsamen Ereignisse abspielten wie in einem Menschenleben? Viele Freuden und viele Leiden sind die Lichter und Schatten, die ihr besondere Schönheit verleihen.

Alle Dinge sind einer kreisenden Bewegung unterworfen, mag sie langsam und unvollständig oder schnell und umfassend sein, von einem Planeten und dem ganzen Sonnensystem bis zu den unscheinbarsten Muschelschalen und Kieseln am Strand. Es ist, als entstünde alle Schönheit dadurch, daß ein Gegenstand sich um seine eigene Achse dreht oder daß andere ihn umkreisen.

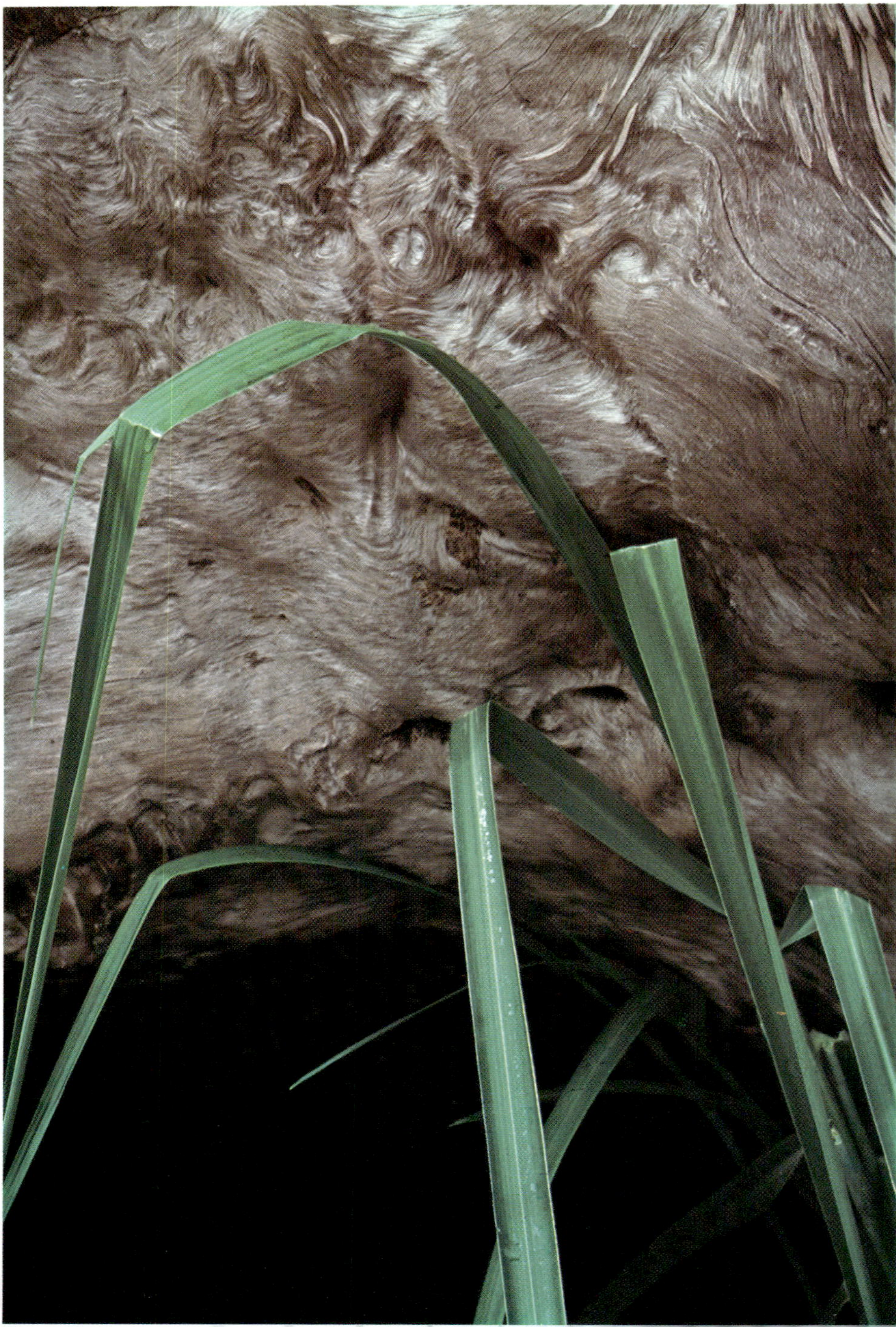

Die Natur ist immer schöpferisch und erfindet wie ein Handwerker in seiner Werkstatt ständig neue Muster. Wenn eine überhängende Kiefer unter der Einwirkung der Sonne ins Wasser stürzt und der Wind sie am Ufer entlangtreibt, werden ihre Äste weiß und glatt gescheuert und nehmen fantastische Formen an, als seien sie gedrechselt worden.

Ich kenne kein Ding, das sich
auf den ersten flüchtigen Blick
so unansehnlich ausnimmt wie
die leere Krone einer Distel.
Betrachtet man sie aber genauer,
dann könnte man ahnungsvoll
an eine mit Seide ausgekleidete
Wiege denken, in der einmal ein
Prinz gewiegt wurde.

Steine, die lange unter dem Himmel gelegen haben, sollten grau sein, als wäre es eine Mischfarbe zwischen den Himmeln und der Erde; die Luft hat sie in ihren dünnen Farbstoff getaucht und der Wind sie bestrichen, das Wasser verlieh ihnen Gestalt. Die Zeit bringt die verschiedenartigsten Elemente miteinander in Einklang.

Ich höre das Läuten einer fernen Totenglocke. Ihr ernster Klang paßt besser in diese Landschaft als die tagtägliche Betriebsamkeit. Er erinnert daran, daß der Mensch aus dem Leben scheiden muß, ehe er seine Möglichkeiten wahrnehmen und die Schönheiten seiner ihm bestimmten Welt zur Genüge würdigen kann.

Man muß in der Gegenwart leben, muß sich auf jeder Welle hinaustragen lassen und in jedem Augenblick seine Ewigkeit finden. Nur Toren beharren auf ihren inselhaften Möglichkeiten und halten nach einem anderen Land Ausschau. Es gibt kein anderes Land. Es gibt auch kein anderes Leben außer diesem einen.

ZU DEN AUFNAHMEN IN DIESEM BUCH

Die genannten Orte liegen, sofern nichts anderes vermerkt ist, in British Columbia

13	Tauperlen auf Gräsern
14/15	Sonnenuntergang hinter fernen Regenschauern; Pine-Island-Leuchtfeuer, Central Coast
16	Muschelschale auf Sandschiefer
29	Pappeln mit Schößlingen
30	Holunder und Amerikanische Heidelbeere in Frühlingsfarben; Lucy Island
32/33	Heraufziehende Schneebö; Queen Charlotte Strait
35	Küstenwald mit Farnbestand im Herbstnebel; Duval Point, Vancouver Island
36	Cytherea-Orchidee auf dem Waldboden
39	Kleine Insel vor der Küste, Nebelbank, Kieselstrand; Lucy Island
40	Grashalme, Marienkäfer
43	Band- und Rohrglanzgras
44	Hügel am zugefrorenen Atlin Lake
47	Verschneite Moräne südlich des Llewellyn-Gletschers; Boundary Range
48	Junger Grizzlybär auf einer Zunge des Franklin-Gletschers, nahe der Knight-Bucht
51	Fichtenwald mit gelben Susan-Blumen; Tal des Fraser River
52	Amerikanische Zitterpappel, Herbstfärbung
55	Fichten im Schneesturm
56	Felswand; Sarah Island
59	Tsirku-Gletscher; Glacier Bay, Alaska, USA

106 Junger Adlerfarn im Küstensand

109 Felsgestein, Strand mit Kieselsteinen, Schaum des Meeres; Queen Charlotte Islands

110 Einblütiger Strandling, ausgewitterter Baumstrunk

113 Abgestorbene Distelblätter auf Geröll

114 Vom Meer geformte Steine;
Lucy Island

116/117 Kormorane;
Raglan Point, Balaclava Island

119 Felsbrocken, Wasser, Sand mit Seetang;
Burnett Bay

120 Goldenes Strömungsmuster im Sand;
Long Beach, Vancouver Island

DIE AUTOREN

Catherine Young, geboren 1950 in Vancouver, B. C., studierte Biologie in Montreal. Ihre stetig wachsende Zuneigung zur unberührten Wildnis und der Wunsch, diese in ihrem Wesen im Bild festzuhalten, führte dann zum Studium der Fotografie und Visuellen Kommunikation am »Banff Centre«, einer Hochschule für Bildende und Darstellende Künste in Banff, Alberta. Catherine Young und ihr Mann, Meteorologe und Schriftsteller, haben mit ihrer Cessna 140 viele unzugängliche Gebiete Nordamerikas bereisen und erforschen können; zahlreiche Ausstellungen und Bücher geben Zeugnis davon. Seit einigen Jahren leben und arbeiten sie auf einer der Leuchtturm-Inseln vor der Pazifik-Küste im Dienst des kanadischen Seeamtes.

Manfred Hausmann, geboren 1898 in Kassel, studierte Philologie, Kunstgeschichte und Philosophie in Göttingen, München (Dr. phil.) und Heidelberg. Zunächst Feuilleton-Redakteur bei der Bremer Weser-Zeitung von 1924 bis 1926, ließ er sich danach als freier Schriftsteller in Worpswede nieder. Immer wieder unternahm er ausgedehnte Reisen in den hohen Norden nach Island, Spitzbergen und Grönland. Heute lebt Manfred Hausmann mit seiner Frau in Bremen. Seine wichtigsten Werke: *Lampioon, Salut gen Himmel, Kleine Liebe zu Amerika, Abel mit der Mundharmonika, Abschied von der Jugend, Liebende leben von der Vergebung, Stern im dunklen Strom, Lilofee, Mitternachtssonne, Nachtwache,* und Gedichte. Im Jahre 1983 erschien der erste Teil einer Gesamtausgabe von 20 Bänden.

Henry David Thoreau, geboren 1817 in Concord, Massachusetts, studierte alte Sprachen in Harvard. Er versuchte sich zunächst als Lehrer. Seine gesellschaftskritische Einstellung, seine Neigung zu grüblerischem Einzelgängertum und nicht zuletzt sein unbegrenztes Vertrauen in die Potenz und Erneuerungsfähigkeit der Natur ließen ihn jedoch bald andere Wege gehen. So kapselte er sich zwei Jahre lang in den Urwäldern um Concord von der übrigen Welt ab, um die Möglichkeit einer von der bürgerlichen Besitzkultur unabhängigen antimaterialistischen Existenz zu beweisen *(Walden oder das Leben in den Wäldern).* Sein Widerstand gegen die Lebensideale seiner Zeitgenossen führte ihn zum Protest gegen Staat und Politik *(Über den bürgerlichen Ungehorsam).* Sein Lebenswerk schließlich waren seine monumentalen *Tagebücher,* die er von 1834 bis zu seinem Tod im Jahre 1862 gewissenhaft führte. Zu Lebzeiten verkannt, gilt Thoreau heute als führender Vertreter der Neu-England-Renaissance.